U0270654

筑境

中国精致建筑100

# 北京天坛

柳肃 撰文/摄影

中国建筑工业出版社

## 出版说明

中国是一个地大物博、历史悠久的文明古国。自历史的脚步迈入新世纪大门以来，她越来越成为世人瞩目的焦点，正不断向世人绽放她历史上曾具有的魅力和光辉异彩。当代中国的经济腾飞、古代中国的文化瑰宝，都已成了世人热衷研究和深入了解的课题。

作为国家级科技出版单位——中国建筑工业出版社60年来始终以弘扬和传承中华民族优秀的建筑文化，推动和传播中国建筑技术进步与发展，向世界介绍和展示中国从古至今的建设成就为己任，并用行动践行着“弘扬中华文化，增强中华文化国际影响力”的使命。从20世纪80年代开始，中国建筑工业出版社就非常重视与海内外同仁进行建筑文化交流与合作，并策划、组织编撰、出版了一系列反映我中华传统建筑风貌的学术画册和学术著作，并在海内外产生了重大影响。

“中国精致建筑100”是中国建筑工业出版社与台湾锦绣出版事业股份有限公司策划，由中国建筑工业出版社组织国内百余位专家学者和摄影专家不惮繁杂，对遍布全国有历史意义的、有代表性的传统建筑进行认真考察和潜心研究，并按建筑思想、建筑元素、宫殿建筑、礼制建筑、宗教建筑、古城镇、古村落、民居建筑、陵墓建筑、园林建筑、书院与会馆等建筑专题与类别，历经数年系统科学地梳理、编撰而成。本套图书按专题分册，就其历史背景、建筑风格、建筑特征、建筑文化，结合精美图照和线图撰写。全套100册、文约200万字、图照6000余幅。

这套图书内容精练、文字通俗、图文并茂、设计考究，是适合海内外读者轻松阅读、便于携带的专业与文化并蓄的普及性读物。目的是让更多的热爱中华文化的人，更全面地欣赏和认识中国传统建筑特有的丰姿、独特的设计手法、精湛的建造技艺，及其绝妙的细部处理，并为世界建筑界记录下可资回味的建筑文化遗产，为海内外读者打开一扇建筑知识和艺术的大门。

这套图书将以中、英文两种文版推出，可供广大中外古建筑之研究者、爱好者、旅游者阅读和珍藏。

# 目录

# 北京天坛

北京天坛是明清两代皇帝祭天的场所，是礼制祭祀建筑的最高代表。它集中国古代哲学思想、政治思想、信仰文化和艺术文化于一身，不论在总体布局还是在造型艺术和结构技术上都可以说是中国古代建筑最高艺术水平的体现。它不仅是中国古代建筑艺术的典范，也是世界古代建筑艺术中独一无二的瑰宝。

# 一、祭天之礼

图1-1 京师总图

北京天坛在京城南郊之左：这是中国古代礼仪制度的规定，也是历代建天坛的惯例。它体现了南为阳，北为阴，左为阳，右为阴的传统观念。与此相应，地坛在北郊，日坛在东郊，月坛在西郊。

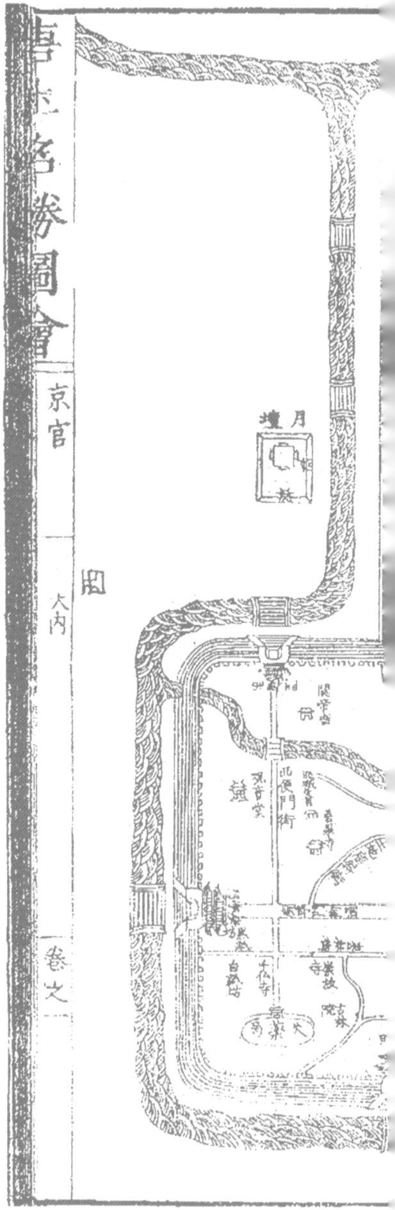

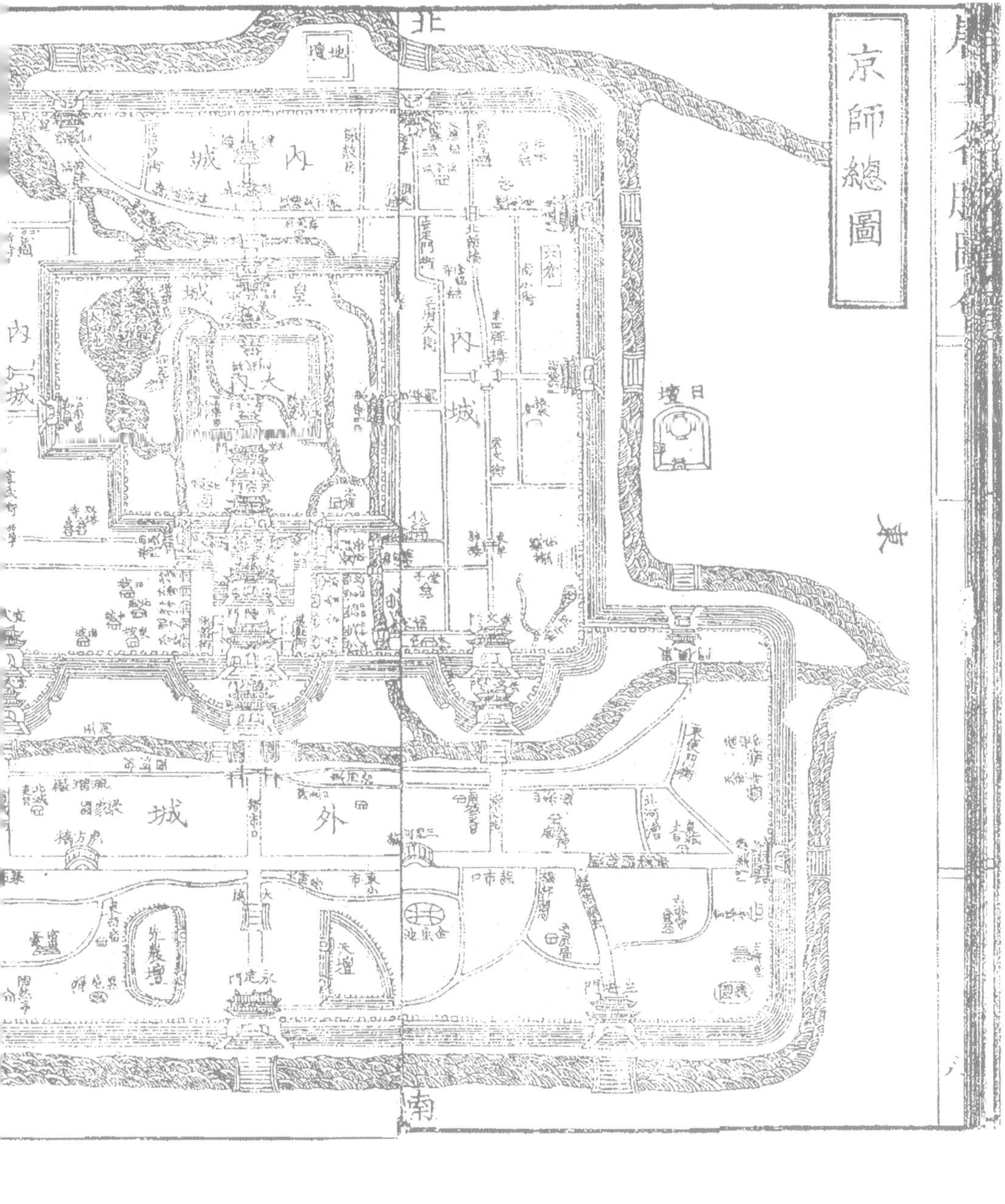
京師總圖
北
東
南
地壇
日壇
內城
皇城
大內
外城
天壇
先農壇

在中国传统文化观念中，“天”是一个至高无上的主体。在原始时代，人们朦胧地意识到天地相交而化生万物，认为天是自然之本、万物之祖。又由于农耕文明对天的依赖，因而产生了对天的信仰和崇拜。这种信仰崇拜成了中国传统文化观念中一个重要组成部分，进而影响到思想意识和社会形态的各个方面。在哲学思想中，中国古代各家学说都花费很多精力探讨人和天的关系，尤以儒家学说中的“天人合一”最有影响。儒家

**图1-2 天坛鸟瞰**

北京天坛南北长1700米，东西宽1600米，占地272公顷，是紫禁城的3倍多。中轴线上的主要建筑有两组，南边的圜丘坛、皇穹宇一组，北边的祈年殿一组。四周苍松翠柏环绕，创造出一种天的意境。

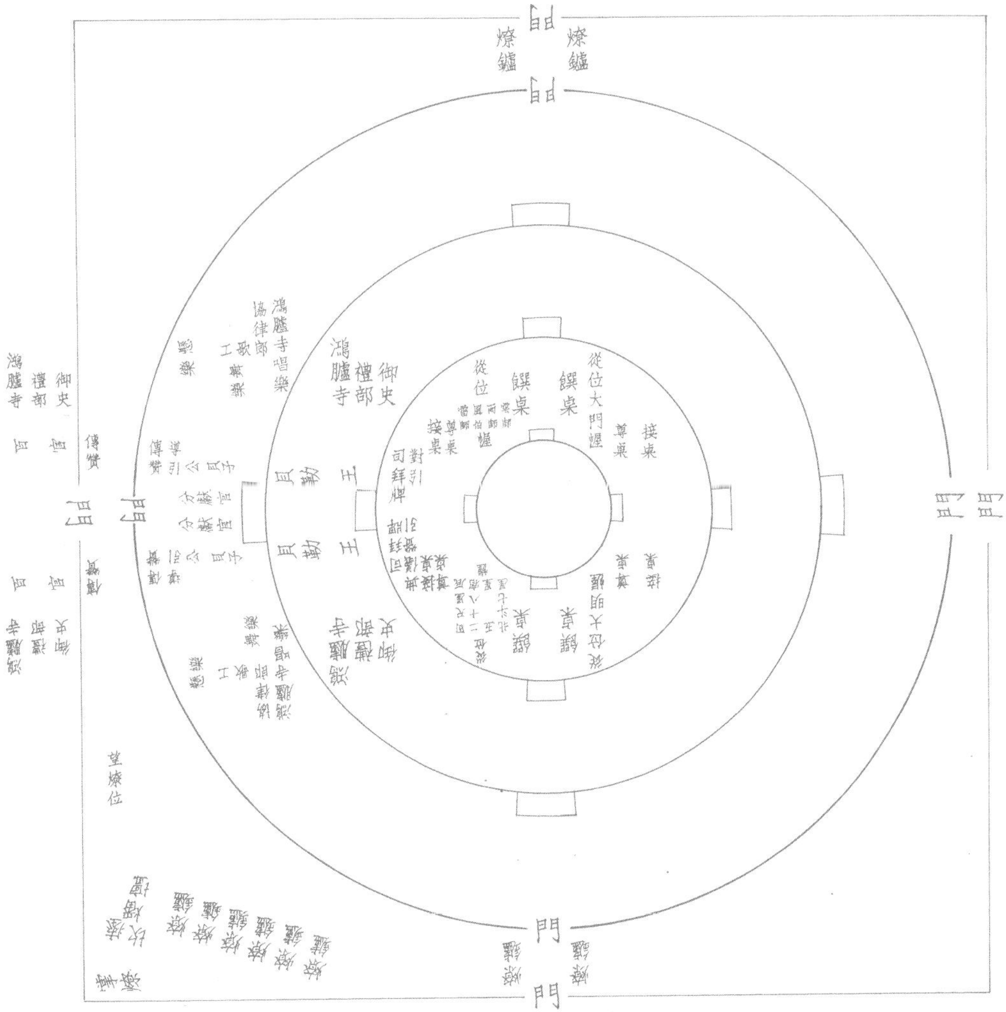

**图1-3 圜丘坛祭祀位置图**

皇帝祭天场面浩大。上层坛面除皇天上帝外配祀五方之帝和皇帝的列祖列宗；二层坛面配祀日月星辰各路天神；下层坛面至内壝墙、外壝墙，一直延伸到外面，分列着王公皇戚和朝廷各部文武百官。

学说注重的是现实政治和社会人伦，但其中包含着浓厚的天命思想。孔子虽“不语怪力乱神”，但却笃信天命。在政治上，“天”的意识和皇权意识紧密结合，不可分离。皇权是天的意志的代表；皇帝是上天之子；皇朝政务就是“奉天承运”，统辖万民。

既然在文化思想和社会政治中天的地位如此崇高，那么在其具体的表现形式——礼制祭祀中，祭天之礼便是所有祭祀仪式中最盛大、最高等级的典礼，“国之大者在祀，祀之大者在郊”。所谓“郊”，即在都城郊外（一般在南郊）建天坛祭天，古代简称为“郊”。





图1-4 燔炉和瘗坎

古代皇帝祭天时要将松柏木和写有祭文的祝板、祝帛在燔炉内焚烧。燔炉用绿色琉璃砖砌筑，位置在祭坛东南角。旁边的坑叫瘗坎，祭典完后将供全牛的尾巴割下，和上牛毛、牛血埋入坎内，象征人类之初茹毛饮血的原始生活。

图1-5 燎炉

在燔炉前一字排开八座铁铸燎炉，坛东坛西各有两座。祭祀时燎炉内燃烧松枝、香木，红焰青烟照亮全坛，香气袭人，同时也象征着古人庭燎的习俗。

祭天之礼因为是最高等级的，所以必须皇帝亲自主祭，同时也只有皇帝一人才有祭天的权力，因为他是“天子”，其他任何人都是不能祭天的。

北京天坛南北长1700米，东西宽1600米，占地272公顷，其面积是紫禁城的3倍多，单从这一点也可说明其地位的重要性。

自汉唐以后，中国的祭祀礼仪已发展成一套完备的典制，但各朝各代有所不同。现在的北京天坛是按明清时期的典礼形式修建的。在明清礼制中祭天每年举行三次：正月上辛日，至祈年殿举行祈谷礼，祈祷皇天上帝保佑五谷丰登；四月中的吉日至圜丘坛举行雩礼，祈求当年风调雨顺；冬至日至圜丘坛举行告祀礼，禀告上苍五谷业已丰登，报皇天之大恩。按制度规定，祭天时还要以皇帝的列祖列宗、东南西北中五方之帝以及日月五星、北斗、二十八宿、灵星、风云雷雨等各路天神从祀。昊天上帝的牌位居圜丘之正中，其他神位按各自的方位环立四周。大祭之前皇帝先进入天坛的斋宫斋戒三日。临祭之日，坛前的燔炉内燃起一堆堆熊熊柴火，各神位前献上牛羊豕鹿等牺牲和五谷粢盛之贡品，皇帝亲行三跪九叩之大礼。这是人间的最高统治者对在他之上的更高统治者的尊奉。其意义不仅仅在于祈求和祷告上苍，还有社会政治上的含义：既然皇帝都要尊上，臣民们就更应懂得尊上。正如《礼记·礼运》中所说：“故先王患礼之不达于下也，故祭帝于郊，所以定天位也。”这里所说的

图1-6 具服台

圜丘坛和祈谷坛前神道东侧各有一座具服台。它是祭祀之前准备器具和服装的地方。图为祈谷坛前的具服台。

“帝”即指上帝、天。《礼记》注解中说“天子致尊天之礼，则天下知尊君之礼，故曰定天位。”由此我们也可更进一步了解到祭天并非宗教，而是中国特有的礼教，礼教即政教。其表现形式虽带有原始信仰的特点，但其内涵则完全是政治性的。《礼记》中说：“孔子曰：夫礼，先王以承天之道，以治人之情……是故夫礼，必本于天……故政者，君之所以藏身也，是故夫政必本于天。”《文心雕龙》一书中记载有周代祭天辞曰：“皇皇上天，照临下土，集地之灵，降甘风雨，庶物群生，各得其所，靡今靡古，维予一人。”从祈天赐福，保佑国泰民安，到借天之名，树立天子威信，这就是天坛祭祀的全部文化意义。

# 二、天坛今昔

中华民族对天的崇拜由来已久，祭天的历史可追溯到远古时代。在几千年的历史发展中，祭天的形式和天坛建筑式样也在不断变化。现存的北京天坛，可算是集历代天坛建筑艺术之大成。古史中记载太昊伏羲氏始制郊禅；炎帝神农氏崇郊祀以大报天地。早期的祭天形式是比较原始的，即《礼记·郊特性》中所说的“埽地面祭，于其质也，器用陶匏，以象天地之性也。”把地上的土扫成一堆，用陶器盛上贡品以此祭天，这既符合原始时代的生产生活特征，又符合礼的原初精神，即天地之性在质朴，而不在于建筑和祭器的华美。原始时代祭天的主要意义仅存于祈求上天的保佑、赐福和报答天地之恩。随着社会形态的发展，祭天的政治意义越来越明显，越来越重要。《通鉴外纪》中就记载黄帝有熊氏“帝广宫室之制，遂作合宫，祀上帝，接万灵，布政教焉”，可见这时的祭天已包含有了布政教的内容。并且其建筑形式也有了发展，建有合宫。所谓合宫即合祭天地、日月、星辰、风云雷雨等所在自然神灵。这种合宫后来便演变成专门的礼制建筑——明堂。上古时代礼制尚未完备，祭祀之礼也不很严格。到完备的礼制形成以后，便有了严格的制度将各种神灵分别祭祀。一般来说祭自然神灵的叫“坛”，垒土筑高台，不建房屋，露天而祭，如天坛、地坛、日坛、月坛、社稷坛等；祭人物的则叫“庙”，建房屋以供奉，如祖庙、帝王庙、孔庙等。

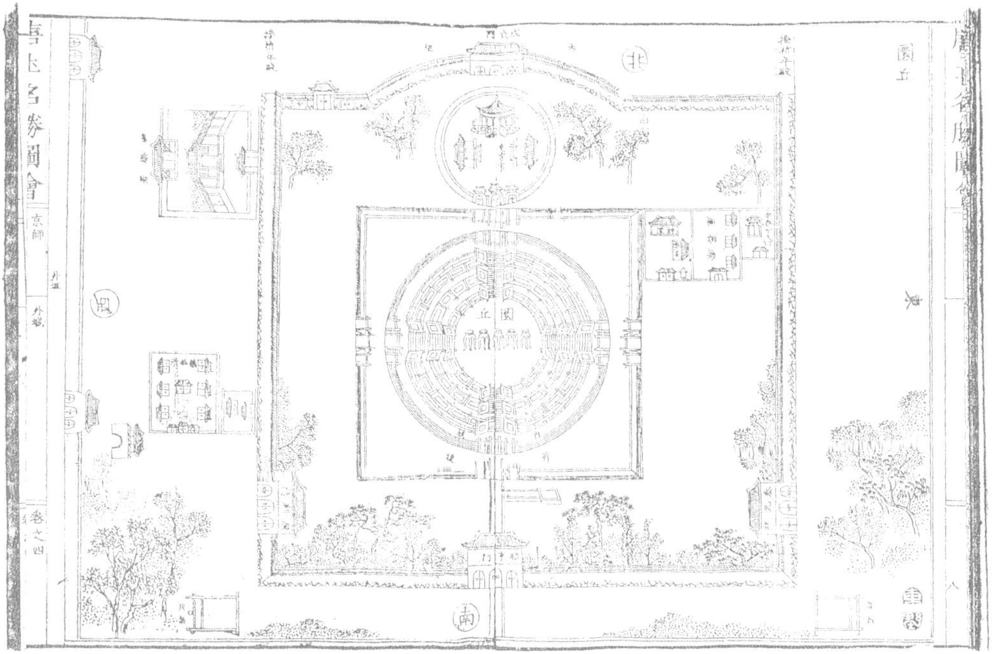

**图2-1 圜丘图**

此图是清嘉庆年间所绘的北京天坛圜丘。图中所见主要建筑形式已基本与今之天坛相同。

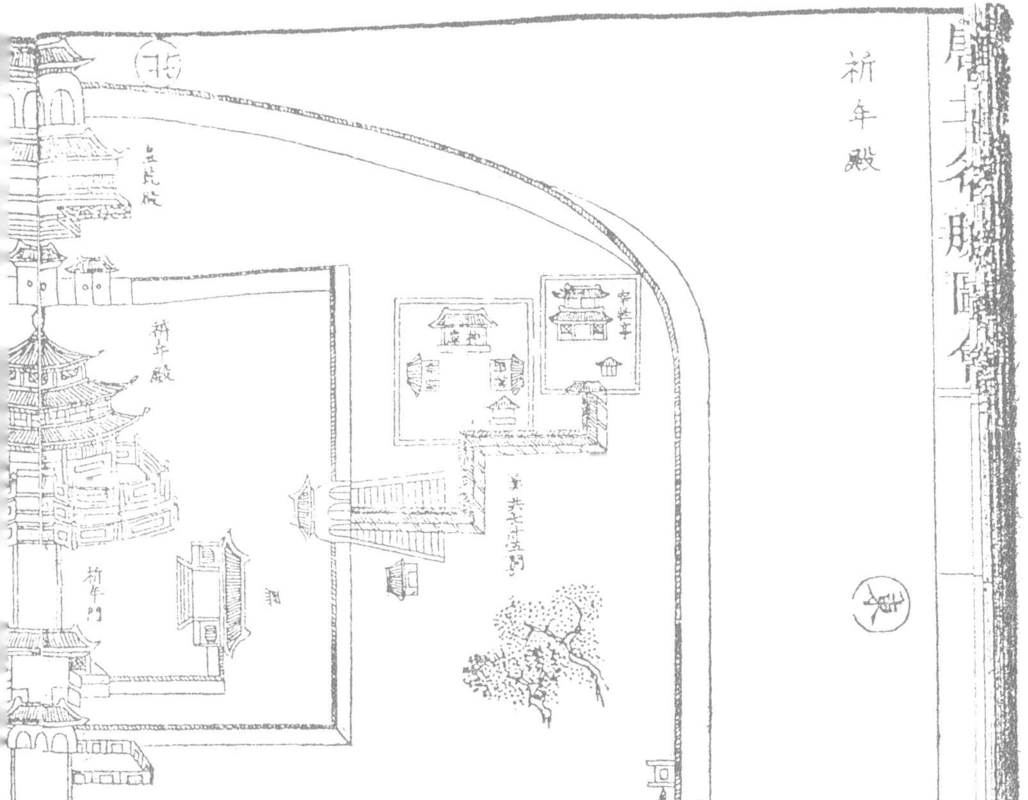

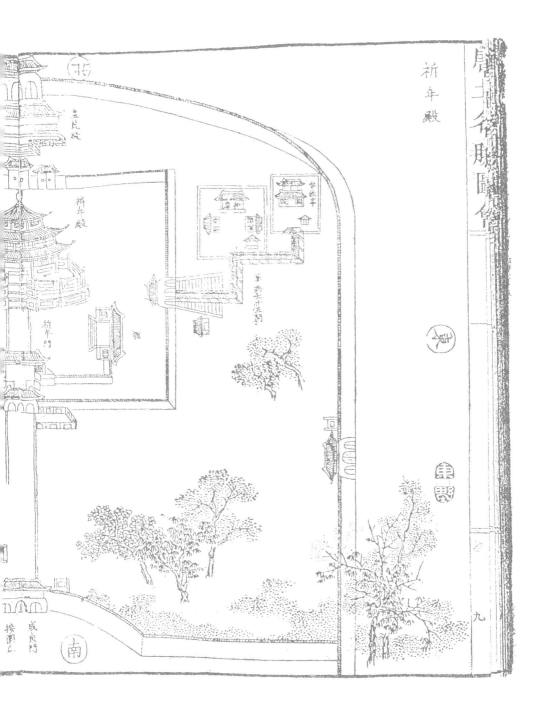


图2-2 祈年殿图

然而不论是伏羲、神农氏还是黄帝以及后来的尧、舜、禹毕竟都是无文字记录的传说时代。古书中关于当时祭祀形式的记载是否真实也难以考证。在中国历史上对礼制文化和祭祀形式产生决定性影响的是周代。周代制定的第一部完备礼仪制度——《周礼》，奠定了此后几千年中国封建社会以礼治国的政治体制的基础，也是影响中国几千年的儒家文化思想的基础。《周礼》中规定冬至之日祭天于“地上之圜丘”，并同时规定了祭祀过程及祭祀时所着服饰、牺牲贡品、礼器、乐器的陈设和演奏的乐舞等。这些规定为后来的祭天之礼奠定了基础。然而实际上以后各朝各代根据具体情况都各自有所变动，形成了历史上祭天之礼的多种形式。

秦汉时期因经历春秋战国几百年的分裂战乱之后，礼崩乐坏，无所循依，因而都以泰山封禅代替祭天之礼。秦始皇、汉武帝均多次亲赴泰山举行封禅大典，大报天地，而未另建天坛祭天。然而实际上所谓“封”，也就是在泰山之巅垒石为坛，叫“石封”，也就相当于天坛了。汉初统治者笃信黄老之术，有方术道人向汉武帝建议祭“泰一”（即太一），于是武帝许建一坛，“坛开八通之鬼道”。这实际上是方术道人对“太极生两仪，两仪生八卦”的宇宙学说的附会，然而这种坛台开八个口子的做法倒似乎又成了以后天坛圜丘的常用做法。

经汉代经学家们对古代典籍的考证，到东汉时祭天之礼又基本上恢复了以前的形式。只是各时期圜丘坛的层数和大小直径不同而已。东汉光武帝即位时在鄗城南郊建坛曰“五成陌”（“成”即层），后又在长安南郊建上帝坛“圆八觚，径五丈，高九尺”（《后汉书·世祖本纪》）。南朝梁武帝建天坛“高二丈七尺，上径十一丈，下径十八丈”（《隋书·礼仪志》）。北齐“圜丘在国南郊，丘下广轮二百七十尺，上广轮四十六尺，高四十五尺，三成，成高十五尺。上中二级，四面各一陛，下级方维八陛”（《隋书·礼仪志》）。隋代“圜丘于国之南太阳门外道东二里，其丘四成，各高八尺一寸，下成广二十丈，再成广十五丈，又三成广十丈，四成广一丈”（《旧唐书·礼仪志》）。唐高宗时天坛“在京城明德门外道东二里，坛制四成，各高八尺一寸，下成广二十丈，再成广十一丈，三成广十丈，四成广五丈”（《旧唐书·礼仪志》），和隋代完全一样。

图2-3 圜丘

皇帝每年冬至日在这里举行祭天大典。三层圆形坛台是中国历代天坛的惯例。清乾隆以前此坛为蓝色琉璃砖砌，比现在小。现在所见是乾隆十四年改建后的圜丘，青石砌筑。（王雪林 摄）

在中国古代礼仪制度中，天地乾坤阴阳男女的关系是非常明确而严格的。天为阳，地为阴；男为阳，女为阴；祭天在南郊为阳位，祭地在北郊为阴位。然而到唐代，中国出了历史上唯一的一位女皇帝——武则天，礼的关系中出现了一次阴阳大错位，给祭祀形式也带来了麻烦。于是便出现了一次祭天制度的大变革，把过去天地分祭的制度改为天地合祭。《礼乐志》记载："古者祭天于圜丘在国之南，祭地于泽中之方丘在国之北，所以顺阴阳因高下而事天地以其类也。其方位既别而其燎坛瘗坎乐舞变数亦皆不同。而后世有合祭之文。武则天天册万岁元年亲享南郊始合祭天地。"后来的历史上有了天地合祭之制便是从这时开始的。《旧唐书》中把武则天的这种礼制变革称之为"则天革命"。后来唐玄宗也制定了天地合祭的制度，但他的目的倒不是出于阴阳关系的考虑。《册府元龟》中记载："天宝元年二月丙戌。诏曰。凡所祭享。必在躬亲。朕不亲祭礼将有阙。其皇地祇宜就南郊乾坤合祭。"因以前祭地有时皇帝并不亲往，而是遣官至祭，唐玄宗认为这样礼就有了缺陷，于是采用合祭之制。《礼乐志》中说："玄宗既已定开元礼，天宝元年，遂合祭天地于南郊，其后，遂以为故事，终唐之世莫能改也。"唐玄宗所定"开元礼"对后世影响较大，不仅此后唐代一直沿用合祭之制，而且影响到后来的宋、元、明各代。

宋代曾有过多次关于天地合祭还是分祭的

争议，但莫衷一是，仍然沿用合祭。只是到北宋后期徽宗时罢合祭之制改为天地分别祭祀。然而到南宋建都临安时，由于国势衰微，江山已失大半，礼制也就顾不得那么多了。甚至很长一段时间内没有设坛，而将天地合祭于明堂。《舆服志》中记载这时皇帝祭天地用的斋宫和望祭殿都是苇棚茅屋，虽然说是所谓祭天地尚质朴，仿上古时代的“清庙茅屋之制”，然而实际上是王朝极为衰弱的象征，因为这时候的皇宫都已经是极其简约的了。

元代蒙古族入主中原，虽接受了汉族文化的影响，然而祭祀形式仍带有少数民族的特点。《元史》中记载“宪宗二年，始以冕服拜天于日月山，合祭昊天、后土。”元代中期召集朝廷官吏和汉族学者研究商议祭祀礼仪，将隋唐以来圜丘坛四层的形制“减去一成，以合阳奇之数”。这种三层的圜丘坛也就被后来的明清时期所沿用。

明代天坛形制的最大变化是在坛上建屋，打破了过去“坛者不屋”的传统。明初定都南京，在钟山之南建圜丘祭天，钟山之北建方丘祭地。考虑到祭祀若遇风雨时躲避的需要，在祭坛南边建一座九开间大殿，遇风雨便在大殿中“望祭”。“洪武十年春始定合祀之制，即圜丘旧址为坛，以屋覆之，名大祀殿”（《明会典》）。《续文献通考》记载：“洪武十一年冬乙丑，大祀殿成，即圜丘旧址建大祭殿，十二楹，中四楹饰以金，余施五彩。正中作石台，设上帝、皇地祇神座于其上。”这种圜丘坛上建十一开间祭殿的做法，奠定了后来北京天坛祈年殿的初始形制，只不过大殿是方形的，而不是圆形。明成祖永乐十八年（1420年）正式定都北京，同年北京天坛建成。

明代北京天坛大体上仿南京天坛的形制，建成之初名曰“天地坛”，仍然是天地合祭。《春明梦余录》记载：“天坛在正阳门外南之左，永乐十八年建成。缭以垣墙，周回九里三十步。初遵洪武合祀天地之制，称为天地坛，后既分祀乃始专称天坛……京师大祀殿成，规制如南京，行礼如前仪……祈谷坛大享殿即大祀殿也，永乐十八年建，合祀天地于此。其制十二楹，中四楹饰以金，余施三彩。正中作石台，设上

图2-4 祈年殿/对面页
建于祈谷坛上，皇帝每年正月上帝日在此举行祈谷礼。明代初建时叫大祀殿，为十一开间方形大殿。明嘉靖二十四年拆大祀殿改建为圆形的大享殿，三层圆顶颜色为上蓝、中黄、下绿。乾隆十六年重修将三层屋顶全部换成蓝色。





帝皇祇神座于其上。殿前为东西庑三十二楹，正南为大祀门六楹。接以步庑与殿通。殿后为库六楹，以贮神御之物，名曰天库。”仍然是十一开间方形大殿，两旁有庑，前有门，后有库，前门与大殿廊庑相通，这就是北京天坛祈年殿（当时叫大祀殿）的最初形式。

明嘉靖九年（1530年）是北京天坛形制发展的一个重要转折。明世宗“复二郊初制并更定祀典”，改变沿用多年的天地合祭，恢复了传统的天地分祭之制。在大祀殿之南建圜丘祭天，另在皇城之北安定门外建方泽祭地（即今之地坛）。建圜丘的同时，在其周围建起一系列相应的附属建筑。圜丘外建一圈圆形矮墙叫“内壝”，再外又建方形矮墙，称“外壝”。内外壝墙皆东南西北四面设棂星门。在其外又建更大的一圈围墙，四方各建宫门“南曰昭亨，东曰泰元，西曰广利，北曰成贞”。四门内外各依其方位建起相应的附属建筑和陈设：“内棂星门南门外东南砌绿瓷燎炉，傍毛血池；西南望灯台长竿悬大灯；外棂星门南门外左设具服台；东门外建神库、神厨、祭器库、宰牲亭；北门外正北建泰神殿，后改为皇穹宇，藏上帝太祖之神版，翼以两庑藏从祀之神牌；又西为銮驾库；又西为牺牲所；北为神乐观；北曰成贞门，外为斋宫，迤西为坛门”（录自《春明梦余录》）。这一建筑群的建成，奠定了北京天坛的基本形制，延续明清两代，遗存至今无大的变动。

这期间倒是祈年殿一组建筑经历了较大的

祈年殿

变故。自嘉靖九年建圜丘方泽分祭天地以后，原来所建天地合祭的大祀殿（祈年殿前身）便基本废弃不用了。嘉靖十年，原在大祀殿进行的祈谷礼改在圜丘进行，嘉靖十八年又改在紫禁城内的元极宝殿（原钦安殿）中进行。嘉靖二十四年，皇帝降旨拆大祀殿改建大享殿，命礼部每岁季秋择吉日行大享礼，“随又命仍暂行于元极宝殿。”大享殿实际上仍未使用。明穆宗隆庆元年（1567年），礼部合议，现既有天地日月各坛四时分祭，且又有先农坛祭先农之礼，再设祈谷大享是为多余，不合礼数。于是奏请皇上颁诏，干脆取消了祈谷大享之礼。因此，自大享殿建成直至明亡近百年的时间中，实际上根本就没有在此举行过祭祀。虽然如此，但嘉靖二十四年建的大享殿将原来大祀殿的方形大殿改成三重檐圆形大殿，此又是天坛建筑上的一大创举。只是原三重圆形屋顶分别为蓝、黄、绿三色琉璃瓦，清乾隆十六年修缮时全部改为蓝色琉璃瓦，以后再无变动。光绪十五年八月此殿遭雷火击毁，同年九月至次年四月按原样重建，这就是我们今天所看到的祈年殿。这里有一点需要特别说明的是，在一般人们的观念中，祈谷坛就是祈年殿，其实不然。真正的祈谷坛是被人们看做祈年殿的台基的那三层圆形坛台。它的形制和圜丘坛一样，只是尺寸更大。而祈年殿其实只是祈谷坛上遮风避雨的房子，就如同圜丘坛上祭天时临时搭盖的帐幄一样。大概是由于祈年殿建筑艺术水平之高，在人们心目中产生了喧宾夺主的效果的缘故。

# 三、整体的艺术

北京天坛位于老北京内城正南门——正阳门外大街东侧，即今前门大街东侧，也就是古书中常说的“国之南郊之左”，这是中国古代礼制中祭天之礼的惯例。按照中国传统的方位观念，南北两方，南为阳，北为阴；左右两边，左为阳，右为阴。因为天是阳，地是阴，所以祭天在南郊，祭地在北郊。天坛不仅在南郊，而且在南郊偏左，此为阳之极，即所谓“太阳”。在阴阳八卦理论中“太极生两仪，两仪生四象，四象生八卦”。所谓“两仪”即阴阳，“四象”即根据不同层次将阴阳分为太阴、少阴、少阳、太阳。若按这种观念来看同时处在南郊的天坛和先农坛，则天坛在南之左为太阳，先农坛在南之右为少阳。

北京天坛有内外两道坛墙。外墙长为营造尺一千九百八十七丈五尺（营造尺为明清官定尺，亦称工部尺，一营造尺约合31.9厘米），高为营造尺一丈一尺五寸。内坛墙长为营造尺一千二百八十六丈一尺五寸，高为营造尺一丈一尺。两道坛墙使整个天坛形成内外两层。内层并不处在外坛墙内的正中，而是偏左；内坛墙内的主体建筑所在的中轴线又不是在正中，再一次偏左（见总平面图）。这样既体现了左为阳，左为尊的意识，同时又使从西天门到主体建筑之间的距离越拉越大，使人产生一种进入天庭的遥远感觉。

外坛墙东、南、北三面均无门，西面开两座大门，隔着前门大街分别与先农坛的两座大门相对。偏南边的一座叫圜丘坛门，正

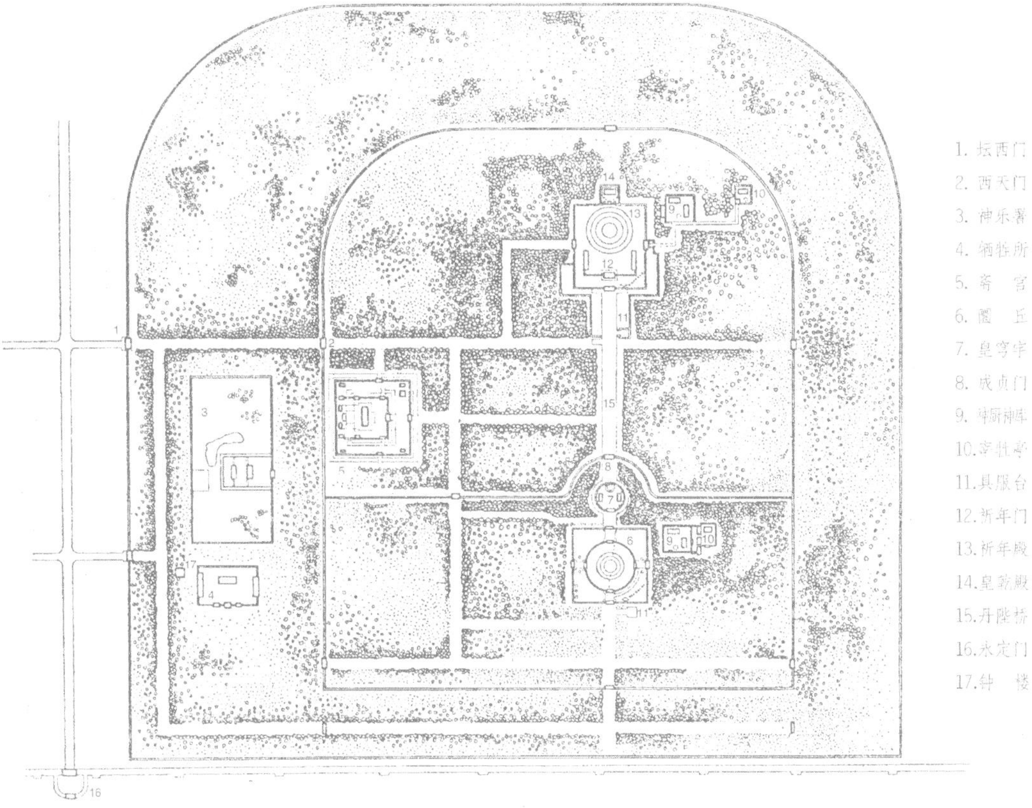


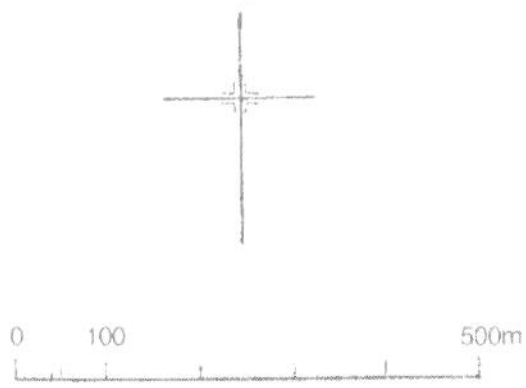


图3-1 天坛总平面图

今之天坛实际上是圜丘坛和祈谷坛两坛的合称。最早只建祈谷坛，天地合祭。明嘉靖九年改天地分祭时建圜丘坛，祈谷坛一度废弃不用。两坛虽分别而建，但整体上却组合得如此之好，如同一次规划而成。

图3-2 天坛环境——松柏林
整个天坛之中遍植松柏，主要建筑均被包围在苍松翠柏之中，造成一种庄严肃穆而又神秘的气氛。

对先农坛主门。此门为清代乾隆年间建造，每岁冬至日祭天时皇帝由此门进入圜丘坛。偏北边的门叫祈谷坛门（即现在的西门），隔街与先农坛太岁门相对（先农坛太岁门现已不存），此门建于明代，是明代天地坛的主门。内坛墙朝四方各开一门，分别叫东天门、西天门、南天门、北天门。天坛的主要建筑都建在内坛墙之内，有圜丘坛、皇穹宇、斋宫、祈年殿以及神库、神厨、宰牲亭等，这些建筑都只是祭天时才使用。整个内坛墙之内是最神圣的地方，进入天门就是如同上天。因此，那些平时住人为祭祀时服务而用的神乐署，牺牲所，就不能设在内坛墙里边，而是设在外坛墙的西门和内坛墙的西天门之间，只有祭祀时才能进入西天门。

今天的天坛，实际上是祈谷坛和圜丘坛两坛的合称。以这两个坛为中心形成两组建筑群：以祈谷坛祈年殿为中心的一组在北面；以

图3-3 远眺祈年殿

满目苍松翠柏一片林海，祈年殿高耸其上，远望如同天上琼宫。

图3-4 祈谷坛全景/后页

整个祈谷坛一组建筑建在高出地面几米的高台之上。前有砖砌大宫门，其后祈年门建在汉白玉台基上，再后祈年殿建在祈谷坛上，层层而上，气势庄严宏伟。人在其上视野开阔，如在天庭。

圜丘坛为中心及周围建筑为另一组在南边。两组建筑之间连以一条360米长的神道，形成了整个天坛的主轴线。然而不论从其历史的形成过程，还是从其建筑的整体格局来看，都可以说这两个部分是两个相对独立的建筑群。祈谷坛祈年殿一组建筑的前身是明朝永乐年间建的合祭天地的天地坛；以圜丘坛为中心的一组建筑是明嘉靖九年改天地合祭为分祭时专门建的天坛。而且圜丘坛建成后，祈谷坛就基本上废止不用了，祈谷礼也取消了。直到清初顺治年间才又开始在此举行祭祀活动，并正式恢复祈谷礼，顺治四年“定每年正月上辛日祭上帝于大享殿行祈谷礼”（《大清会典》）。虽然恢复了祈谷礼，但祈谷礼的规格毕竟没有祭天礼的规格高，祈谷有时甚至皇帝都不亲往而遣官告祭。因此从建筑的地位来说，圜丘才是真正的天坛。但从建筑艺术的角度来看则祈年殿可以说是中国古代建筑艺术的顶峰。今天人们一说到天坛首先想到的便是祈年殿。圜丘坛与祈年殿之间的这种奇妙关系也许是中国古代建筑中的一个特例。

从建筑的总体布局上来看，圜丘坛和祈谷坛也是两个完整的独立单位。古代人们是按照人间的皇帝来设想天上的皇天上帝的，因此祭天的建筑也按照皇宫来设想。皇宫布局最主要的特点是前朝后寝，于是天坛建筑中也有“前朝后寝”。圜丘坛祭天的圜丘在前，存放皇天上帝牌位的寝宫——皇穹宇在后；祈谷坛也是前有大殿祈年殿，后有存放神牌的寝宫皇乾殿。此外，为祭祀服务的附属建筑也形成了两

图3-5 圜丘坛壝墙棂星门

圜丘坛外两道壝墙，每道壝墙上均四面开棂星门。壝墙内空旷开阔不植树木，墙外是茂密的松柏林。壝墙使露天的坛台与外面隔开，形成一个整体。

套完整的系统。圜丘坛旁边有神库、神厨、宰牲亭；祈谷坛也有自己的神库、神厨、宰牲亭。圜丘坛和祈谷坛两组建筑都处在内坛墙之内，在圜丘坛建起来后，便在两坛之间建起一道横墙，将它们划分为两个独立的区域。平面上形成一个“日”字形结构。然而中间的这道横墙将原来内坛墙的东西南北四座天门中的东、西、北三座划在了祈谷坛，而圜丘坛则只剩下一座南天门，于是在圜丘坛一方的内坛墙上又增开东西两座门，东曰泰元门，西叫广利门。南门改称昭亨门。同时在北面皇穹宇后面开一门叫成贞门，与北面的祈谷坛相通。这样圜丘和祈谷两座坛便各自都有了自己的坛墙范围和东南西北四座天门。而成贞门则既是圜丘坛的北门，又是祈谷坛的南门，是两坛之间的联系枢纽。过成贞门便是神道，直通祈年殿。于是这两座建于不同时期而各自独立的祭坛，经过这样处理而连为一体。既分割又联系，而且整体感之强仿佛是一次性规划而成。这又是天坛建筑布局的重要特色。





图3-6 远眺西天门

天坛面积很大，而主体建筑的轴线又偏东，致使主入口坛西门到主体建筑之间形成很大距离，使人产生一种天国遥远而神秘的感觉。

图3-7 “鬼门关”
天坛中饲养牲畜的牺牲所在西边，宰杀牲畜的宰牲亭在东边，中间隔着一条高出地面4米的神道。而牲畜又不得在神道上横过，于是在神道下开洞门通过。因牲畜过去便被宰杀，于是被人称为“鬼门关”，并附会出许多迷信传说。

天坛内附属建筑的布局也是根据传统的信仰观念和祭祀过程的需要来确定的。祭天之前，皇帝要斋戒三天，未斋戒之前是不能进入祭祀区域的。于是斋宫就设在主体建筑的西面，皇帝从西门进天坛就先住在这里。同时豢养牛羊豕鹿等牺牲供品的牺牲所也设在西边，这不仅是因为从西门大路出入的方便，而且还因为在祭供之前有一个“视牲、省牲”的过程，皇帝或礼部官员要亲自检查牺牲供品。然而为了区别地位和卫生的原因，于是把皇帝的斋宫设在西边内坛墙之内，而将牺牲所设在西边内坛墙与外坛墙之间。宰牲亭、神库、神厨是正式宰杀牺牲制作供品的地方，它们都设在祭坛的东边，圜丘坛和祈谷坛都是如此。在中国传统的五行观念中，东南西北四方分别代表着春夏秋冬四季。而“春曰生，夏曰长，秋曰收，冬曰藏”，因此东方便是“生”的象征，东岳之神叫“保生大帝”也就是此意。进献皇天上帝的贡品，虽然是已经被宰杀了的动物，但仍然需有“生”的意义。因此制作这些贡品要在东方。

图3-8 “七星石”
在祈年殿东，七十二连房南边的一块空地上陈列着八块石头，上刻有朵云纹，布局颇似北斗七星。明嘉靖皇帝听信道官之言，说大祀殿东南方空荡将影响皇位和寿命，于是作此布置以填空白。因而它也成为天坛整体的一个部分。



然而，豢养牺牲的场所在西边，而宰杀牺牲的场所又在东边，中间隔着两大祭坛和几百米长的神道，而这些牺牲又不能在祭祀之前从神道上横过，也不准从内坛墙的北天门和南面的昭亨门进入。于是便在高出地面几米的神道下面开了一个像桥拱一样的门洞，叫“进牲门”，牺牲通过这里送到东边的宰牲亭就立即宰杀。因此这道门洞就被人们称之为“鬼门关”，后来在北京民间流传着天坛里闹鬼的传说也就是指的这里，并说是道教神仙之一的张天师因冒犯了玉皇大帝，被镇压在此。这虽然是疑神疑鬼以讹传讹，但毕竟在人们的心目中形成了此地不吉利的印象。以至于朝廷官吏、守卒兵丁无人敢到这个地方去，只有在祭祀之前牺牲所的所牧（所长）和所军用黄绒绳牵着牛羊豕鹿，用红木盆盛着活鱼，击鼓奏乐，热热闹闹地从这里穿过。这都是因传统观念的影响而引发出的一些饶有趣味的故事，然而整个北京天坛的总体布局本身就是传统文化观念的产物。

# 四、形的象征

北京天坛的建筑艺术基本上就是一种象征性艺术，不论是总体布局还是单体建筑；也不论是造型式样还是色彩装饰，都具有明确的象征意义。



就建筑本身来说，首先突出的是形的象征。中国古代哲学中一个最重要的命题是“天人合一”。顺应天命，顺应自然是中国古代儒、墨、道、法等各家各派的共同特点。人间社会的一切都必须和天地自然相应对等，大到国家典章制度的制定，小到工艺技术的制造都必须遵守天地自然的规律或效法天地自然的某种形式。“观象于天，取法于地”，常常是古代人们制定某种重大决策的依据。而作为最高等级的祭祀礼仪场所——天坛，就更必须是取法于天地自然的形象了。



中国古代的宇宙观中关于天地自然的形象最传统最具代表性的观念就是“天圆地方”。“天圆地方”之说源于中国最古老的宇宙观“盖天说”。它认为地是一个方形的盘子，天是一个半球形圆拱盖在地之上。这是一种相当原始的观念。很早的时候人们就已经开始怀疑这种观念的正确性。例如春秋战国时期孔子的弟子曾参就曾提出：“诚如天圆而地方，则是四角之不揜也”。汉代张衡提出“浑天说”，认为天地就像一个鸡蛋，天是外面的壳，地是中间的黄，天包裹在地之外。这种观点很快得到了普遍的认可。汉代以后，“浑天说”的观点就已经成为人们对宇宙天地的一般看法。但是为什么到明清时期建的天坛仍然沿用着早已

图4-1 天坛圜丘坛一角/上图

天坛中最主要的建筑（圜丘坛、皇穹宇、祈年殿）都是圆形。它是中国古代“天圆地方”的宇宙观的象征，因为这几座建筑都直接与“天”相关。

图4-2 圜丘坛内外壝墙/下图

圜丘坛内外两层壝墙。内壝为圆形，外壝为方形，这也是“天圆地方”的象征。

**图4-3 皇穹宇**/上图

原名“泰神殿”，它是存放皇天上帝牌位的地方，相当于天帝的住所。平面圆形，蓝色屋顶都是天的象征。

**图4-4 皇穹宇外围墙**/下图

不仅皇穹宇本身是圆的，它所在的院落围墙也是圆的，这也就是著名的回音壁。

图4-5 祈年殿屋顶
祈年殿以圆形屋顶和蓝色的瓦象征天，同时还以三重檐层层向上的高耸形式，造成指向天庭的形象。

被推翻了的古老的天圆地方的意识呢。这主要是礼制观念的传统作用的缘故。因为礼仪祭祀形成很早，早期的祭祀中就是以天圆地方来分别代表天地之形状的。“祭天于南郊之圜丘，祭地于北郊之方泽”，已成为历朝历代所沿用的惯例。此外，建筑形制只不过是一种艺术化的象征性形象，并非一定是和科学知识相一致的宇宙观念。

天坛既是祭天的场所，因而其建筑便以天的形象——圆为其最突出的特征。祭天的圜丘坛是圆的，而且以三层坛台高高突出于地面之上，以表示天的神圣。存放“皇天上帝”牌位的皇穹宇是圆的，而且皇穹宇所在的院落围墙（即回音壁）也是圆的，表示这里是天帝所居之处。祈谷坛也是三层高的圆形坛台，建于其上的祈年殿则更是祭祀建筑史上的一大创新，圆形大殿上盖三重檐圆形攒尖顶，以高耸向上的姿态直指天庭。

天坛在建筑布局上不仅突出表现天的形象，同时还体现了天和地的关系。明朝永乐年间创建之初时是天地合祭的天地坛，因此应该同时体现天和地两者的形象，于是把围墙的北边做成半圆形，南边做成方形。这样不仅表现了天圆地方的意思，同时还表明了天在上地在下的关系，这围墙也因而被人们称为“天地墙”。

此外在天坛内其他与建筑相应的配套设施也体现出一定的象征意义。其中最突出的是“通天神道”。在圜丘坛和祈谷坛两组建筑之间连接着一条笔直的神道（又称“丹陛桥”），从皇穹宇后的成贞门一直延伸到祈谷坛前的南门，长达360米。此神道高出地面4米，两旁苍松翠柏从脚下一直延伸到远方的天边，林涛起伏，如同云海。人走在神道之上，远眺前方的祈年殿一组建筑，就像是天上的琼楼玉宇。沿着平缓的坡道前行，给人的感觉就像是走向天庭。神道的这种处理手法是天坛建筑群象征性艺术的又一成功杰作。

图4-6 丹陛桥

祈谷坛前有一条宽30米，长达360米的甬道，称为“丹陛桥”，从成贞门沿缓缓的坡度直达祈谷坛前的宫门。它高出地面4米，两边下面的林海延伸向远方。遥看前方的祈年殿，如同通向天庭。因而被人称为“通天神道”。

# 五、色的象征

天坛的建筑艺术除了象征性的造型以外，色彩的处理也具有明确的象征意义。

在整个天坛的建筑中，蓝色是最主要的一种颜色，因为蓝色是天的颜色。在中国传统建筑中一般是没有蓝色用于屋顶的，而唯独天坛，其最重要的建筑全都是蓝色琉璃瓦。祈谷坛一组建筑中祈年殿及前面的祈年门，东西配殿，后面的皇乾殿和周围的围墙都是蓝色琉璃瓦顶。皇穹宇一组建筑中皇穹宇和前面的宫门、东西配殿、圆形围墙也全都是蓝色琉璃瓦顶。此外，因为皇穹宇是存放皇天上帝神牌的地方，为表示这里是天帝居住的“寝宫”，除全部建筑用蓝色瓦顶外，其殿壁、围墙、宫门墙垛也都一反中国传统的红墙做法，抹成青灰色。祭天的圜丘坛内外两道壝墙，方形的外壝和圆形的内壝都用蓝色琉璃盖顶。而祭坛圜丘坛在明嘉靖九年创建时也是用蓝色琉璃砖砌的三层圆台。大概是琉璃砖做坛面不耐久的缘故，清乾隆十四年将其全部换成了北京房山特产的“艾叶青”石。虽不是蓝色但仍然是青色。

**图5-1 皇穹宇宫门**/对面页

皇穹宇是存放皇天上帝牌位的地方，因此不仅里面的殿宇要用蓝色屋顶，就连宫门院墙也要配蓝色屋顶。

天坛祭祀在色彩的运用上各个时期不尽一致。例如《后汉书·世祖本纪》中就记载当时天坛圜丘外壝墙做成紫色，“以象紫宫”。明代嘉靖年间建的天坛祈年殿三重檐圆形屋顶是上蓝中黄下绿三种颜色。蓝色代表天，黄色代表地，绿色代表皇帝，同时也代表世间万物生灵。清乾隆十六年将三重檐屋顶全部换成蓝色。然而不管采用的是什么颜色，都含有明确的象征意义。

在天坛祭祀中，除了建筑的色彩具有象征意义外，其他一切和祭祀相关的陈设、器物、牺牲等均带有象征性的色彩。祭祀之日、圜丘坛上搭盖起蓝色的帷幄；皇帝乘坐着蓝色的“苍辂”；参加仪式的乐舞生穿着“天青销金花服”；祭天的牺牲太牢用“苍犊”；祭器用“苍璧”。按照周礼中的规定，在祭天的同时需以东南西北中五方之帝配祀。五帝的神牌各按其方位陈列于坛上。五帝神牌前的祭器也按照五生观念中五方五色的相应关系“各如其方之色”而陈设：“以苍璧礼天，以黄琮礼地，以青圭礼东方，以赤璋礼南方，以白琥礼西方，以玄璜礼北方。”

在整个天坛的建筑中，其色彩的象征意义主要来自中国传统的阴阳五行观念。在这种观念中，色彩不仅仅代表着方位，更重要的是

图5-2 祈年门/前页
它是祈年殿的前门，五开间单檐庑殿式，建于汉白玉基座上。因祈年殿是蓝色屋顶，所以它也应配蓝色屋顶。

图5-3 皇乾殿

位于祈年殿之后，也是收藏皇天上帝牌位的地方，又称祈年殿寝宫，仿皇宫中前朝后寝之制。它也是天帝的“住所”，性质与皇穹宇同。因此它的屋顶以及宫门围墙也都用蓝色琉璃瓦。

它还代表着天地万物生长化育的秩序关系。例如“苍”就并不只是我们看到的天的颜色，而是具有更深一层的含义，即天是万物之祖，它化生世界万物。《毛诗传》中解释：“苍天，以体言之……据远视之苍苍然，则称苍天。”《尔雅·释天》中说：“春为苍天，夏为昊天。”郭璞注曰：“万物苍苍然生。”郑锷注解《周礼·春官宗伯》说：“天之苍苍其正色也，故璧苍以象其色，色用苍，以壮阳发散之色求之。”显然，“苍”不仅仅是天的蓝色，而是含有苍苍然化生万物的意思。同样，依据五行观念，东方是青色，青色可以是蓝色也可以是绿色。东方在时令上属于春，在五行中属于木，含有“生”的意思。为了和苍所使用的蓝色相区别，东方的青经常是使用绿色，它更能表达“生”的意思。例如故宫中东边太子读书的地方——以前的文华殿以及后来的南三所都是用绿色琉璃瓦而不用黄色（文华殿是因后来改变了用途才换成黄瓦的）。因为太子年





图5-4 斋宫
它是皇帝祭天前斋戒时的住所。皇帝的宫殿本应是黄色屋顶，但在“天”面前皇帝也只能称儿子，不敢妄自尊大。所以它的屋顶也只能用绿色，而不敢用黄色。

图5-5 神库、神厨/上图

圜丘坛和祈谷坛旁边，都有神库、神厨。是收藏器物和制作供品的场所。它们都是附属性建筑，只能用绿色屋顶。

图5-6 西天门/下图

它是天坛内坛墙的西门，是进天坛的主要入口。天坛中代表天的主要建筑都是蓝色屋顶，其他的附属性建筑都是绿色屋顶。唯独西天门是黄色屋顶。它以皇帝的专用色——黄色来警示外人，这里是皇家禁地。

幼，在五行中属于木。同样的道理，在天坛中，代表天的最重要的建筑是蓝色。而其他都是人们用来为天服务的附属建筑。如祈谷坛和圜丘坛旁边的神库、神厨、宰牲房等，都是用绿色屋顶，象征着它们都是由天所化育出来的万物生灵。特别应提到的是天坛中皇帝祭天时临时居住的斋宫，这是一组规模相当可观的宫殿建筑群，但是它却也只能用绿色琉璃瓦顶，而不能用象征最高统治者的黄色。万乘之尊的皇帝也不敢在此称大，在这里，天是老子，皇帝是儿子。在整个天坛中，只有直接对外的西天门是黄色屋顶，用以表示这里是皇家禁地，除此之外再没有一处黄色屋顶。除了蓝色就是绿色，加上周围大片苍松翠柏，远望之，一片浩瀚的绿色海洋中耸出几座蓝色的屋顶，天上人间的意境油然而生。

# 六、数的象征

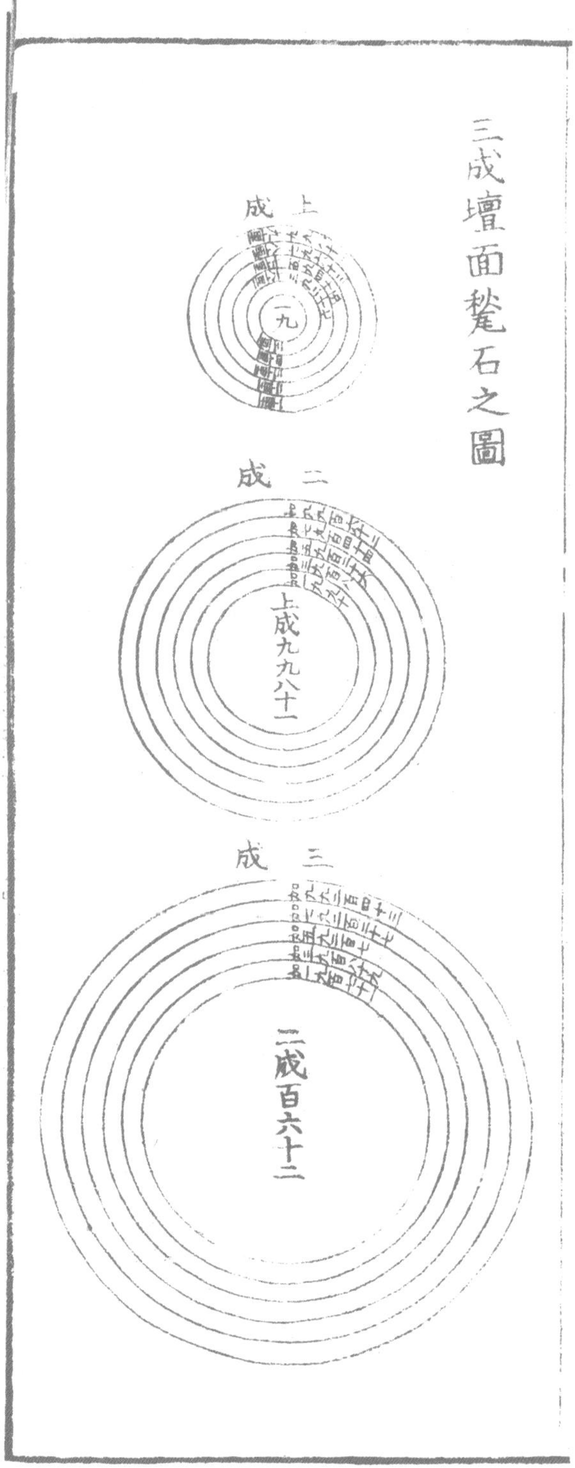
三成壇面甃石之圖
上成
一九
二成
上成九九八十一
三成
二成百六十二

图6-2 圜丘坛坛面石/上图
圜丘坛上铺的是“艾叶青”石，是汉白玉中的最高品级。中心一块突出坛面的圆石叫“天心石”，又叫“太极石”。周围石块呈扇面排列，第一圈九块，第二圈十八块，第三圈二十七块，如此类推。

图6-1 圜丘坛甃石图/对面页
圜丘坛三层坛面上铺的石块完全按照“天数”九和九的倍数来铺设。此为清嘉庆年间绘制的坛面甃石之图。

在中国古代建筑中，“数”具有一种特殊的意义，它远不只是一个尺寸关系的问题，而在很大程度上是一种文化观念的体现，这就是人们常说的“象数”、“术数”等。它来源于早期儒家经典《周易》中的阴阳八卦的象数关系。根据这种理论，阳爻的卦象是“——”，阴爻的卦象是“– –”，由此而推演出奇数为阳数，偶数为阴数。因为阳的最高代表是天，阴的最高代表是地，于是阳数又叫“天数”，阴数又叫“地数”。《易·系辞传》中说：“天一地二，天三地四，天五地六，天七地八，天九地十。天数五、地数五，五位相得而各有合。天数二十有五，地数三十，凡天地之数五十有五，此所以成变化而行鬼神也。”

天坛中祭天用的圜丘理所当然必须符合天数，而不能有地数，同时又要符合几何原理。于是在设计时采用了鸳鸯尺的丈量方式。所谓鸳鸯尺即古尺和今尺混合使用，古尺指周代的周尺（周尺有小尺与大尺之分，建筑工匠用大尺，亦称鲁班尺，其长度合23.7厘米），今尺指当时的营造尺。用古尺计算圜丘三层坛面的直径，最上一层直径是九丈，名曰“一九”；第二层直径十五丈，名曰“三五”；下面一层直径二十一丈，名曰“三七”。这样便把一、三、五、七、九，五个“大数”全部用了进去。三层坛面成等差级数递增，几何比例关系协调，而三层坛面直径的总和又正好是四十五丈，正合“九五”。九是阳数中最高的数，阳数共五个，而五又正好是处在阳数的中心位置，因而九和五两个数字凑在一起被认为是最高贵的数字。传统观念中将皇帝称为“九五之尊”。《周易》中“九五，飞龙在天，利见大人”是祥瑞的征兆。

**图6-3 历象授时图**/对面页

这是中国古代根据日月星辰的运行规律来确定岁时节令的模式。天坛祈年殿的楹柱布置也是岁时节令的象征，正好与此图相合。十二根楹柱划分十二开间，内圈十二根代表十二个月，外圈十二根代表十二时辰。中央四根划分四季，总共二十八根，象征二十八星宿。

# 曆象授時圖

日行一度月行十三度十九分度之七星者四方之中星也角亢氐房心尾箕凡七十五度斗牛女虛危室壁凡九十八度四分度之一奎婁胃昴畢觜參凡八十度井鬼柳星張翼軫凡百一十二度共爲三百六十五度四分度之一辰則日月所會也正月會亥辰爲娵訾二月會戌辰爲降婁三月會酉辰爲大梁四月會申辰爲實沈五月會未辰爲鶉首六月會午辰爲鶉火七月會巳辰爲鶉尾八月會辰辰爲壽星九月會卯辰爲大火十月會寅辰爲析木十一月會丑辰爲星紀十二月會子辰爲玄枵

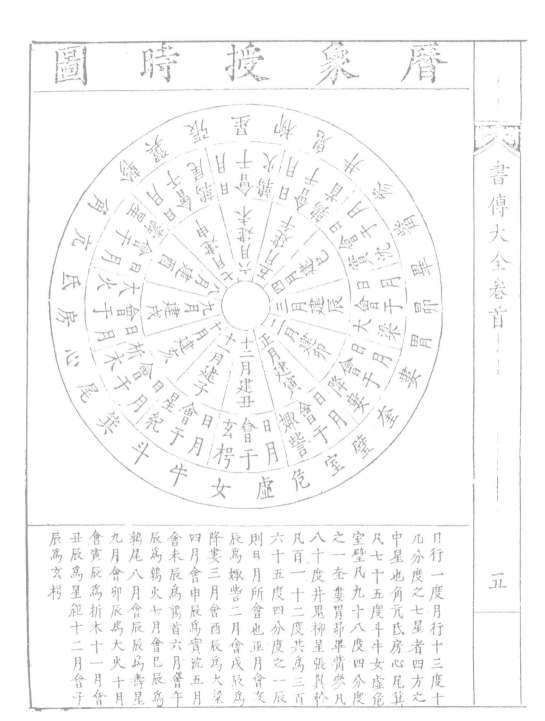

除了九是阳数之极以外，在这里还有另外一层意义，即中国传统观念中认为天有九重。于是圜丘坛上的所有数字都以九或者九的倍数来组合。最上一层坛面正中嵌砌一块圆形石板，叫“天心石”，又叫“太极石”，象征太极阴阳化生天地万物。“天心石”周围第一圈墁嵌九块扇形石板，是为上成（“成”即层）第一重，名曰“一九”；第二圈（上成第二重）为十八块，名曰“二九”；第三圈二十七块，名曰“三九”；直到第九重八十一块，名曰“九九”。整个一层坛面上共四百零五块，由十五个九叠加而成。

第二层坛面以上层坛面为中心，石块数量在上层坛面第九重八十一块的基础上继续以九的倍数递加。二层第一重围绕上成用石九十块，第二重九十九块，第三重一百零八块，如此直到第九重一百六十二块。第二层坛面共用石一千一百三十四块，由一百二十六个九组成。

第三层坛面在二层的外围继续递加。第一重一百七十一块，第二重一百八十块，直到第九重二百四十三块。第三层坛面共用石一千八百六十三块，由二百零七个九组成。一、二、三层坛面总共用石三千四百零二块，由三百七十八个九组成。每一层最外一圈（第九重）的石块数量均按八十一递增，即一个九九。

除坛面墁石以外，坛面四周围栏的雕花栏

板数也是按九的倍数计算。上层每面栏板十八块，二九；四面共七十二块，八九；二层每面二十七块，三九；四面共一百零八块，十二个九；第三层每面四十五块，五九；四面共一百八十块，由二十个九组成。上中下三层栏板数总和三百六十块，正合“周天”三百六十度。

整个圜丘坛的设计建造既表达了天数的象征，又符合美的几何比例，如此完美的设计的确很动了一番脑筋。因而在它建成竣工时乾隆帝破例特赐那些从不入流的“匠长”们六品、七品和无品级三等顶戴，以示嘉奖。

在天坛的所有建筑中，除圜丘坛最集中地体现“天数”以外，另一处重点便是祈年殿。祈年殿的数的象征意义更多样化。殿高九丈九尺，阳数之极；殿顶周长三十丈，表示一个月三十天；殿内中央四根金柱，代表春夏秋冬四季；内外两圈楹柱，内圈十二根代表一年十二个月，外圈十二根代表一天中子丑寅卯辰巳午未申酉戌亥十二时辰；两层楹柱共二十四根，代表一年二十四个节气；二十四楹柱再加上中央四根金柱共二十八根，代表天上二十八星宿。很明显，祈年殿的所有数字象征均是和农业生产相关的岁时节令。因为祈年殿本来就是用来祈祷丰年的。

此外，道教方士们也借这里的一些数字关系来比附天神地祇，例如祈年殿顶构架中有三十六根瓜柱，被认为是代表道教中的星神三十六天罡。祈年殿东边建有一条很长的曲

尺形走廊，共七十二间。因走廊一面有墙，一面是隔扇门窗，全封闭，故而称为“七十二连房”。它把东边的宰牲亭、神库、神厨和祈年殿大院连接起来，大祭时的牺牲贡品就从这里送往祈年殿，被称为“供菜棚子”。与祈年殿内三十六天罡相应，这七十二连房就被附会为七十二地煞。





图6-4 七十二连房/前页
祈谷坛东边有一条连接祈谷坛和神库、神厨、宰牲亭的长廊，共七十二开间，称“七十二连房”。道官们附会说祈年殿顶构架中有三十六根短柱，代表三十六天罡，这七十二连房就代表七十二地煞。

# 七、技术和艺术

北京天坛的建筑不论在技术水平还是艺术水平上都可以说是中国古代建筑中最高成就的代表。其建筑结构之精巧，制作施工之精密，选材用料之华贵，造型比例之和谐均属中国古代建筑中的上乘。而其中最重要的是技术和艺术的完美结合。

在天坛建筑的结构技术和造型艺术中最引人注目的是两座圆形攒尖顶建筑——皇穹宇和祈年殿，其中尤以祈年殿为最。祈年殿三层圆形攒尖顶是中国古代大型建筑中的孤例。因为其平面是圆形，一反纵梁横枋的传统做法，代之以十二根弧形额枋组成的圈梁，其上再以放射形布置的斗栱层层上挑。下檐斗栱补间六铺

图7-1 祈年殿檐下斗栱

圆形建筑斗栱呈放射形布置，同一斗栱各部分尺寸不同，技术要求高。祈年殿三重檐，下檐五踩斗栱，中檐七踩斗栱，上檐九踩斗栱，各部分比例十分谐调。

图7-2 祈年殿内藻井

祈年殿是国内古建筑中唯一的三重檐圆形攒尖顶大型殿堂，结构精巧，技术高超。楹柱间弧形额枋上斗栱层层挑出，形成一个类似于砖砌叠涩的穹隆，是技术和艺术相结合的典范。（张振光 摄）

作，中檐斗栱补间四铺作，上檐头栱补间两铺作，逐层收进。殿内中央藻井处斗栱层层挑出，类似于砖砌叠涩，形成一个半球形穹隆。中央四柱支撑上层屋顶，内圈十二柱支撑中间一层屋顶，外圈十二柱支撑着下层屋顶，内外两圈柱与中央四柱相连，结构上形成一个整体。三圈柱子逐层收进的比例适当，再加上三层檐下斗栱从下层到上层分别以五踩、七踩、九踩逐层递增，使三层檐口的边沿轮廓处在一根直线上，两边同时向上延伸相交于一个约45°角。既具有一种高耸向上的趋势又不至于完全变成塔状。其造型比例之美近乎无可挑剔。





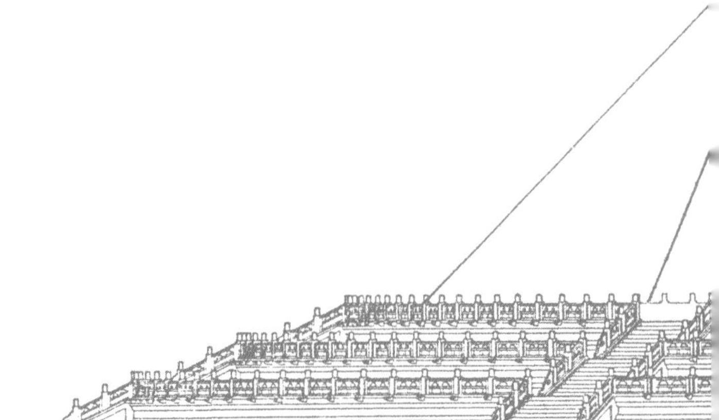

**图7-3 祈年殿造型分析图**

祈年殿三重檐口轮廓在一条直线上，两边的斜向直线向上延伸相交于约45°角，视觉关系良好。上层攒尖顶仰角45°相交于室顶中部，室顶则略高于45°仰角，显然考虑到了人在下面仰视时的效果。整体造型几何关系计算准确。

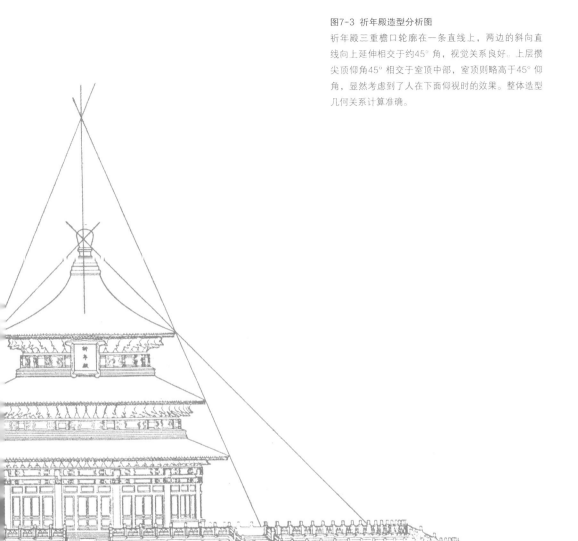

与祈年殿相比，皇穹宇的造型更趋向于稳重。屋顶边沿向顶尖延伸的斜线正好相交于90°。圆形屋顶的边沿直径正好和地面到顶尖的高度相等，立面比例是一个正方形。两边阶梯栏杆坡度与地面成30°，其延长线正好相交于檐口高度处，形成一个120°钝角三角形，具有很强的稳定感。

天坛建筑的技术和艺术成就不仅仅在于其建筑的结构和比例关系的和谐美妙，其施工制作技术之精巧也产生出一些特殊的艺术效果。最有名的是回声现象。天坛中的回声现象有两处，一处是圜丘坛，一处是皇穹宇的圆形围墙中。



圜丘坛上层坛面正中心有一块凸出坛面的“天心石”，人站在天心石上呼喊一声，立即有声音从四面八方返回过来，而且这声音好像是地下传出来的，如同一呼百应，众人齐鸣，这一现象被称为“亿兆景从”。其实它是坛面周围圆形栏杆石壁和坛面互相反射形成的回声。因为坛面的铺设中央处略高于四周，呈微弱的倾斜面，且石面光滑平整。从天心石处发出的声音碰到四周的石栏壁，返回到坛面石上，再反射到中央，于是产生这种声音从地下传来的特殊现象。



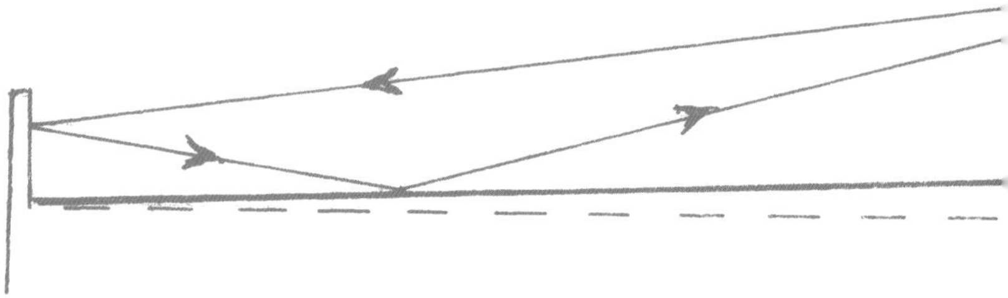

图7-4 皇穹宇造型分析图

皇穹宇总高和檐口直径正好相等，立面比例是一个正方形。屋顶檐口至室顶顶部仰角正好45°。两边阶梯栏杆与地面成30°角，延长线正好相交于檐口下面。比例准确，造型稳重。

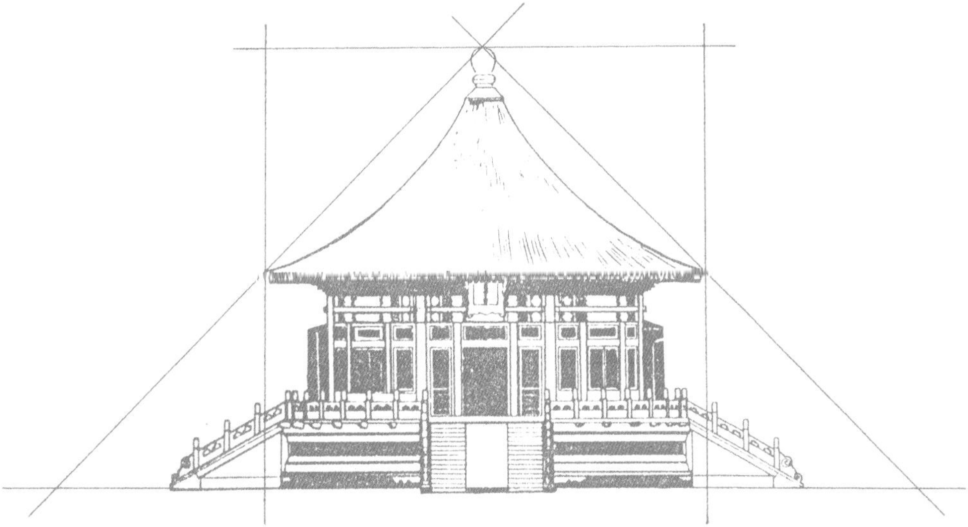

图7-5 圜丘坛回声示意图

人站在圜丘坛中央的天心石上发出一声呼喊，会听到四面八方的回声，而且声音仿佛从地下传来。这一现象被称为“亿兆景从”。它是人的声音碰到四周石栏杆壁反射到略为倾斜的坛面再反射到中央而产生的，表明坛面铺设的平整精确。

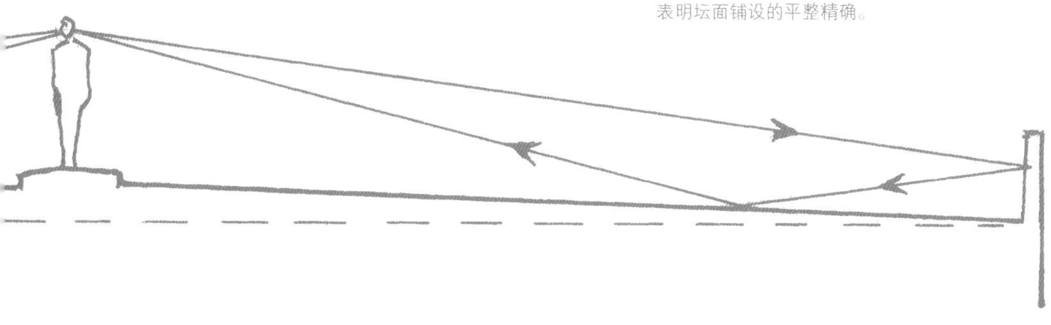

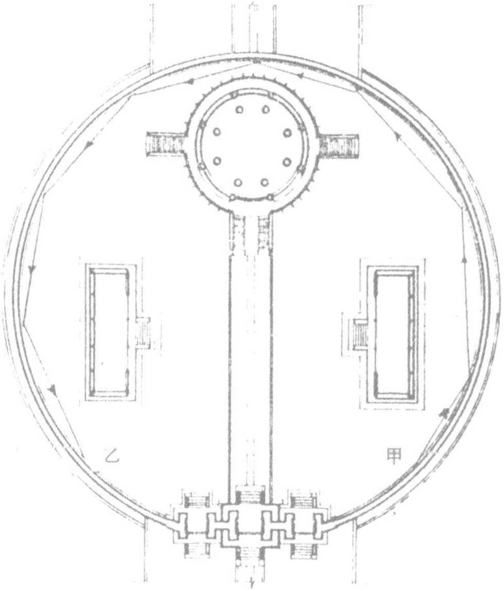


图7-6 皇穹宇回音壁示意图
甲乙两处的人轻声说话对方都能清晰地听到。这是因为发出的声音碰到圆形墙壁一次又一次地反射传递过去。但发出声音的方向与墙面切线的夹角不能大于22°，否则就会碰到皇穹宇而不能反射过去。

皇穹宇的圆形围墙是众所周知的"回音壁"。这座高6米，半径32.5米的圆形围墙由于砖块制作之精密细致、圆形砌筑之严谨规整形成一个良好的声音反射体。当甲乙两人分别在墙的两边相对轻声说话时，声音能沿墙面反射过去使对方清楚地听到。但有两个条件，一是两人都必须面向北边，因为南边开有大门，声音不能反射传递；二是发出声音的方向与墙面切线夹角不能大于22°，因为皇穹宇北面与墙的最近距离只有2.5米，如果大于此角度，声音就会碰到皇穹宇而不能反射过去。此外，皇穹宇前有一条白石铺的路，从丹墀下向南数第三块石被称为"三音石"，人站在这块石上拍一下掌可以听到三声回响。因为这块三音石正处在圆形围墙的圆心位置，在这里发出一个声音，声波向不同方向发散碰到围墙返回到中心

图7-7 回音壁

回音壁之所以能传声，完全是由于它圆形曲面的标准和墙体砌筑的精确性，使之成为一个良好的声音反射体。体现了建筑施工技术的高超水平。

点。事实上听到的不止三响，而是五六响。因为声音返回过来后传到对面的墙上又再一次反射回来，如此来回反射直到声音减弱消失。另外，当皇穹宇殿门敞开，其他门窗紧闭，殿门到殿内神龛之间没有任何障碍物时，人站在三音石上朝皇穹宇说话，可以听到皇穹宇内洪亮的回声，而且在殿外任何一处都能听到。这是因为进皇穹宇内的声音在圆形殿壁之间反射共鸣的结果。这一现象被称之为“人间私语天闻若雷”，并被牵强附会地解释为皇穹宇前有三块“三才石”，即天石、地石、人石，人必须站在人石上说话皇天上帝才能听到。

不论是“亿兆景从”还是回音壁，或是“人间私语天闻若雷”，这些声学现象的产生都说明天坛的建筑在施工技术的精确性上达到了极高的水平。同时这种高超的技术所产生的特殊声学效果又更给这座祭天的建筑带来几分神秘。

# 八、附属性建筑

图8-1 斋宫宫门
斋宫是天坛中除祭天的主体建筑外最宏大的建筑群。它有两道围墙，北、东、南三方各有一座宫门，此图为朝东的主宫门。

北京天坛的主体建筑是中轴线上的圜丘坛、皇穹宇以及祈谷坛一组。显然，在这里，天是至高无上的偶像，中轴线上的建筑都是天的代表。其他一切都处于从属的地位，都是附属性建筑。在建筑的色彩上也可以分得一清二楚，凡蓝色屋顶的都是主体建筑，凡绿色屋顶的都是附属建筑。

天坛中的附属建筑最大最重要的是斋宫。斋宫是皇帝祭天时居住的行宫，虽然贵为皇帝的宫殿，但在这里也只能算附属建筑。第一，它不能坐北朝南处在中心位置，而是坐西朝东，处在旁边；第二，它不能采用尊贵的黄色屋顶，而只能用绿色屋顶。在天面前，皇帝只能称儿子。虽然如此，但它毕竟是皇帝所处的禁地，因而仍然是宫

图8-2 斋宫围墙回廊

斋宫围墙下面是一圈回廊，共一百六十七间。皇帝在宫中斋戒时，这里就驻扎禁军，保卫斋宫的安全。

门重重，禁卫森严。它有两道宫门，两层围墙，且两层围墙之外均有护城河。外墙之外有禁军官兵住宿的朝房，内墙四周环绕着一百六十七间回廊，是守卫宫墙的兵丁遮风避雨的地方。之所以需要如此严密的防卫，是因为按规矩皇帝必须在祭天前三天住进斋宫进行斋戒。试想要皇帝离开紫禁城在这古柏森森的天坛中独宿三昼夜，其担惊受怕的心理可想而知。尽管斋宫防卫如此严密，但皇帝仍为自己的安全担心。清雍正帝便想出一个“内斋”和“外斋”相结合的办法。雍正九年他下令在紫禁城内东南角另建一座斋宫，叫“内斋”，天坛中的斋宫就叫“外斋”。祭天前三日皇帝一人进入紫禁城中的斋宫斋戒叫“致内斋”，直至祭天日的前一天午夜才移到天坛中“致外斋”，天亮之前便开始祭天。这样算来，皇帝在天坛的斋宫中仅仅只待几个小时。

天坛斋宫的主殿是一座单檐庑殿顶五开间砖砌拱券式无梁殿，内无梁柱屋架，窑洞式的墙壁拱顶，没有什么装饰，大概是为了体现斋戒期间的简朴生活和淡泊心境。殿前汉白玉石月台上左右各置一座小亭子。右边的叫时辰亭，左边的叫斋戒铜人亭。皇帝入斋宫时首先在斋戒铜人亭内小石桌上铺一块黄云缎桌布，上摆一尊铜铸人像。相传这尊铜像塑的是唐太宗李世民的著名宰相魏征，他在中国历史上以直言相谏敢于批评皇帝而著称。把他的像摆在这里显然是用以警示皇帝斋戒期间要守身自好，心虔意诚。

图8-3 斋宫护城河

斋宫有内外两道围墙，两道围墙外都有护城河，真可谓禁卫森严。此图为内墙护城河。

图8-4 斋宫主殿/后页

斋宫主殿是一座砖砌无梁殿，五开间单檐庑殿顶，建于汉白玉台基之上。殿内装修简朴，体现斋戒时的清静心境。

图8-5 斋戒铜人亭

立于斋宫主殿前的露台上。皇帝来此斋戒时先在亭中石桌上摆上一尊斋戒铜人像。相传此铜人塑造的是唐太宗的宰相魏征，以此警示皇帝要虔诚斋戒。

斋宫外墙之内东北角建有一座钟楼，重檐歇山式，楼内悬挂一口明永乐年间铸造的大铜钟。祭天时从皇帝起驾离开斋宫开始鸣钟，直到皇帝登上祭坛，钟声即止。大祭完毕，钟声又起。它是整个祭典仪式的信号。

图8-6 宰牲亭

所谓宰牲亭并不只是一座亭子，而是一个完整的院落，内有宰牲房、濯洗亭等一组建筑。它是宰杀牛羊牺牲的场所，虽然是纯粹服务性建筑，但仍采用重檐歇山的宫殿式。圜丘坛和祈谷坛各有自己的宰牲亭，此为祈谷坛的宰牲亭。

在天坛西边的外坛墙和内坛墙之间，西天门的西南边，有一片很大的庭院，这便是神乐署。天坛祭祀大典上所用的乐师舞生都是道士，因而明代时这里叫“神乐观”。与那些在道观中静心修炼的道士不同的是这里的道士除大祭时为祭典服务外，一年中的其他时间就都住在这里专门研习古代乐舞。因此，神乐署的位置也安排得很偏远，虽然仍在天坛外墙之内，但处在内墙外的最西边。

神乐署内的主殿明时叫“太和殿”，显然其意取自《礼记·乐记》中所说的“乐者天地之和，礼者天地之序也”。大概是因为紫禁城中的主殿取名“太和”的缘故，清康熙时这里改名为“凝禧殿”。凝禧殿五开间歇山顶，下有汉白玉石台基，建筑规格也算是很高了。此外，神乐署中还有显佑殿、奉祀堂、掌乐房、协律堂、教师房、伶伦堂、昭佾所以及收藏器物冠服的库房等建筑。除这些建筑以外，为了操习演练乐舞的需要还围出一大片空旷的院落，总共占地6万多平方米，比斋宫还大。大概是因为有了这些优厚的条件，清初时神乐观的道士们竟在天坛内设花圃，开茶馆酒铺，招引游人，甚至携妓宴饮。乾隆八年，皇帝闻知此事大怒，下令驱逐全部道士，改神乐观为神乐所，派太常寺官员进驻管理，严禁闲人入坛。乾隆二十年又再次下令改神乐所为神乐署，更官制，并规定所有人员都必须由礼部在太常寺司员中指派，所有考入神乐署的道童都必须与原道观脱离宗教关系。这才又恢复了这块圣地的安宁。

在天坛的附属建筑中较重要的还有圜丘坛和祈谷坛的神库、神厨、宰牲亭。神库是收藏祭祀用品的库房，神厨和宰牲亭是宰杀牺牲、制作供品的场所。然而这些纯属服务性辅助用房的建筑也同样具有很高的规格。因为它们是为天服务的。圜丘坛和祈谷坛各有一套神库、神厨、宰牲亭，均各自独立，红墙绿瓦围成院落。里面的任何一座建筑都

图8-7 井亭

天坛中的神厨和宰牲亭中均有井亭，且均为盝顶式造型。亭中有一口井，神厨取井水制作供馔糕点。宰牲亭中的井亭叫濯洗亭，内有轱辘石台，取井水洗涮牺牲。图为祈谷坛宰牲亭的濯洗亭。

制作考究，即使像宰牲亭这样的建筑也是五开间重檐歇山顶的宫殿形式。

从总的方面来说，北京天坛既是一座建筑艺术的瑰宝，又可以说是中国传统思想文化的一座宝库。它的任何一个方面都体现了一种特殊的历史文化背景。可以说中国的任何一座古代建筑都没有像它这样包含着这么多的文化因素。不管我们今天怎样来评价这些传统的思想，但它终究是历史，是历史上积淀下来的文化。没有这些文化也就没有天坛这座特殊的建筑。同样，我们如果不了解这些文化背景，也就不能真正理解这座建筑。

# 大事年表

| 朝代 | 年号 | 公元纪年 | 大事记 |
| --- | --- | --- | --- |
| 明 | 永乐十八年 | 1420年 | 明成祖定都北京，同年创建北京天坛。始称“天地坛”，循天地合祭之制；同年，大祀殿（祈年殿前身）建成，形制为十一开间方形大殿 |
| | 嘉靖九年 | 1530年 | 实行天地分祭，另在北郊建地坛，“天地坛”定名“天坛”；同年，创建圜丘坛，形制为蓝色琉璃砖砌三层坛台。大祀殿废弃不用；同年，创建泰神殿（皇穹宇前身），形制为绿色琉璃瓦圆形攒尖顶 |
| | 嘉靖十七年 | 1538年 | 改泰神殿名皇穹宇 |
| | 嘉靖十八年 | 1539年 | 改在紫禁城中元极宝殿行祈谷礼 |
| | 嘉靖二十四年 | 1545年 | 拆除大祀殿，改建大享殿，形制为三重檐圆形攒尖顶。三层屋顶颜色分别为上蓝、中黄、下绿。但仍闲置不用 |
| | 隆庆元年 | 1567年 | 礼部合议，奏请皇帝颁诏，取消祈谷大享礼，大享殿废弃不用 |

| 朝代 | 年号 | 公元纪年 | 大事记 |
| --- | --- | --- | --- |
| 清 | 顺治元年 | 1644年 | 恢复祈谷礼，重新起用大享殿 |
| | 乾隆十四年 | 1749年 | 重修圜丘坛，改蓝色琉璃坛台为“艾叶青”石坛台，并按“天数”铺设坛面石 |
| | 乾隆十六年 | 1751年 | 重修祈年殿，三层屋顶全部换成蓝色琉璃瓦 |
| | 乾隆十七年 | 1752年 | 重修皇穹宇，改绿色琉璃瓦顶为蓝色琉璃瓦顶 |
| | 光绪十五年 | 1889年 | 八月二十四，祈年殿被雷击焚毁；同年九月，动工重建祈年殿 |
| | 光绪十六年 | 1890年 | 四月，祈年殿重建竣工 |